Mehdi Boukil

Turismo de experiência na Medina Histórica de Fez

AF571199

Mehdi Boukil

Turismo de experiência na Medina Histórica de Fez

Da descoberta guiada imersiva aos tesouros do artesanato e da gastronomia

ScienciaScripts

Imprint

Any brand names and product names mentioned in this book are subject to trademark, brand or patent protection and are trademarks or registered trademarks of their respective holders. The use of brand names, product names, common names, trade names, product descriptions etc. even without a particular marking in this work is in no way to be construed to mean that such names may be regarded as unrestricted in respect of trademark and brand protection legislation and could thus be used by anyone.

Cover image: www.ingimage.com

This book is a translation from the original published under ISBN 978-620-6-71600-6.

Publisher:
Sciencia Scripts
is a trademark of
Dodo Books Indian Ocean Ltd. and OmniScriptum S.R.L publishing group

120 High Road, East Finchley, London, N2 9ED, United Kingdom
Str. Armeneasca 28/1, office 1, Chisinau MD-2012, Republic of Moldova, Europe
Printed at: see last page
ISBN: 978-620-7-88301-1

Copyright © Mehdi Boukil
Copyright © 2024 Dodo Books Indian Ocean Ltd. and OmniScriptum S.R.L publishing group

PREFÁCIO DO DIRECTOR DO CITE DE METIERS ET COMPETENCES (CMC)

A medina de Fez, com o seu rico património cultural e histórico, oferece aos visitantes experiências de turismo de imersão, desde a descoberta de artesanato tradicional até à participação em workshops de cozinha marroquina. Este turismo de experiência permite aos viajantes mergulharem na vida local, aprenderem as técnicas ancestrais dos artesãos e saborearem pratos preparados de acordo com receitas transmitidas de geração em geração.

Esta abordagem encontra um eco particular no método de formação por competências preconizado pelo Office de Formation Professionnelle et de Promotion du Travail (OFPPT). De facto, a formação prática em gastronomia e artesanato, centrada na aquisição de competências concretas e aplicáveis, assemelha-se muito às experiências turísticas oferecidas na medina de Fès. Os aprendizes de cozinheiro e de artesão beneficiam de uma formação imersiva que os mergulha no coração do seu ofício, tal como os turistas que descobrem e participam ativamente nas práticas culturais locais.

O livro "Turismo de Experiência na Medina de Fez", escrito por um formador experiente em gestão do turismo, opção Agência de Viagens, explora esta intersecção entre o turismo e a formação prática utilizando a abordagem baseada em competências. Demonstra como as experiências dos turistas podem ser enriquecidas por um conhecimento aprofundado das técnicas artesanais e gastronómicas, ao mesmo tempo que sublinha a importância da formação prática na preparação dos profissionais para se destacarem na sua área.

INTRODUÇÃO AO LIVRO

O turismo de experiência caracteriza-se pela sua ênfase em experiências imersivas, interactivas e autênticas para os viajantes. Em vez de se limitarem a observar locais turísticos, os visitantes participam ativamente em actividades que lhes permitem descobrir e compreender a cultura, as tradições e os estilos de vida locais. Isto pode incluir interacções com os habitantes locais, workshops de artesanato, demonstrações de culinária, visitas guiadas personalizadas e outras experiências que enriquecem a sua compreensão do local que visitam.
A importância crescente do turismo de experiência na indústria do turismo moderno resulta de uma série de factores-chave:
- Procura de autenticidade: Os viajantes procuram experiências mais autênticas e significativas que vão para além das atracções turísticas habituais.
- Envolvimento pessoal: O turismo de experiência permite que os visitantes se envolvam ativamente na sua experiência de viagem, criando memórias mais duradouras e satisfatórias.

- Impacto económico local: Promove o desenvolvimento económico local através de apoiar os artesãos, guias e outros prestadores de serviços locais.

- Diferenciação competitiva: Os destinos que oferecem experiências vivenciais únicas podem destacar-se no mercado do turismo e atrair viajantes que procuram experiências memoráveis e enriquecedoras.

A cidade de Fez, uma das mais antigas capitais islâmicas e árabes do Norte de África, é um testemunho vivo dos últimos doze séculos da história marroquina. Captou a atenção dos reis e das dinastias que moldaram a história de Marrocos. o destino do reino, ocupando uma posição central na sua narrativa histórica. Ao longo dos séculos, a sua população diversificada contribuiu para a formação de um património harmonioso e único.Fez foi escolhida como estudo de caso devido à sua Medina, classificada na sua totalidade como Património Mundial pela UNESCO, que alberga uma infinidade de monumentos históricos. Entre eles, Al Karaouiyine, fundada em 857, é a universidade mais antiga do mundo árabe. A Medina de Fez é um símbolo de excecional riqueza histórica e patrimonial, oferecendo uma exploração diversificada das suas muitas facetas, incluindo :

- Uma variedade de monumentos históricos (mesquitas, medersas, mausoléus, fondouks, palácios, riads, etc.)
- Gastronomia autêntica e uma arte culinária distinta
- Um vasto leque de ofícios (olaria, curtume, latão, madeira, ervanária, etc.)
- Tradições, costumes e vida quotidiana preservados...

Ao explorar a medina de Fez, cada detalhe arquitetónico torna-se um convite para mergulhar na história vibrante desta cidade imperial. Estes elementos não são apenas relíquias do passado, mas testemunhas vivas de uma cultura que continua a evoluir, preservando as suas raízes profundas. Os edifícios históricos erguem-se orgulhosos em cada esquina, com as suas fachadas decoradas com desenhos intrincados e detalhes arquitectónicos que reflectem a arte islâmica e a influência das dinastias que moldaram a cidade. As portas esculpidas e as varandas de madeira finamente trabalhadas são testemunho do meticuloso trabalho artesanal e do gosto estético do povo Fassis ao longo dos tempos. Este livro explora em profundidade três aspectos fundamentais que fazem de Fez um destino essencial para o turismo de experiência:

- **Capítulo 1: Artesanato - A base da experiência** Descubra como os ofícios tradicionais, como a olaria, o curtume e o cobre, moldam a identidade cultural e económica da Medina.
- **Capítulo 2: Gastronomia e Artes Culinárias - Os Sabores de Fez** Mergulhe nas delícias culinárias de Fez, conhecida pela sua autenticidade e diversidade, e explore como a cozinha marroquina enriquece a experiência do visitante.

- **Capítulo 3: Guias de Acompanhamento - Revelando Tesouros** Explorar o papel crucial dos guias locais para uma compreensão profunda e imersiva da Medina, a sua capacidade de abrir portas a tesouros escondidos e enriquecer a experiência do visitante.

Explorar a Medina de Fez através das suas dinastias e acontecimentos históricos não é uma simples visita turística, é uma verdadeira imersão no passado glorioso de uma cidade que testemunhou e participou nos grandes momentos da história de Marrocos. Cada passo pelas suas ruas sinuosas e cada encontro com os seus habitantes revela uma nova faceta desta cidade milenar, oferecendo aos viajantes uma experiência inesquecível em que o tempo parece suspenso para revelar os tesouros escondidos da Medina de Fez.

CAPÍTULO 1

A EXPLORAÇÃO DO ARTESANATO COMO PILAR DO TURISMO CULTURAL DE EXPERIÊNCIA NA MEDINA DE FEZ

Introdução :

A cidade de Fez é um destino turístico popular para quem procura explorar a cultura marroquina. As ruas estreitas da sua medina estão repletas de artesãos que trabalham à mão para criar produtos únicos e tradicionais, em espaços dedicados às competências manuais e técnicas. **O turismo de experiência** oferece uma oportunidade especial aos viajantes que desejam descobrir a riqueza do artesanato local e participar em actividades criativas em contacto direto com os artesãos. O artesanato tradicional é abundante na medina de Fez, desde a olaria e a tecelagem até à marroquinaria, aos curtumes, ao cobre e à carpintaria, e os artesãos utilizam técnicas transmitidas de geração em geração para criar produtos únicos e autênticos, apreciados em todo o mundo pela sua qualidade e beleza. A experiência oferecida aos visitantes vai para além da simples admiração. As oficinas abrem-se, revelando a utilização de ferramentas ancestrais como os teares, as rodas de olaria e os martelos de couro. A compra de produtos artesanais adquire uma nova dimensão, a de uma ligação direta com quem os produziu. Com isto em mente, começaremos a nossa abordagem com uma contextualização histórica e cultural. Em seguida, exploraremos a forma como os visitantes são atraídos pela oportunidade de participar em actividades artesanais interactivas, descobrir ofícios tradicionais e mergulhar na autenticidade cultural da Medina. Longe de serem meros espectadores, os visitantes são convidados a fazer uma viagem sensorial ao coração das oficinas, onde as técnicas seculares são reveladas diante dos seus olhos. Os visitantes são convidados a fazer uma viagem sensorial ao coração das oficinas, onde as técnicas ancestrais se revelam diante dos seus olhos. Observam como os artesãos manuseiam com destreza as ferramentas transmitidas de geração em geração, a roda do oleiro a moldar o barro, o tear a criar padrões intrincados, o martelo a golpear o couro com precisão. Cada peça torna-se uma narrativa, uma história sussurrada pelas mãos experientes do artesão, um testemunho vibrante da alma de Fez. As observações directas no terreno forneceram dados preciosos sobre o artesanato e as actividades turísticas. Os inquéritos aos artesãos, aos bazares e aos guias turísticos forneceram informações valiosas sobre as suas perspectivas e experiências. Por fim, a análise dos testemunhos e das críticas dos turistas recolhidos em plataformas online como o TripAdvisor ajudou-nos a identificar as expectativas e as opiniões dos visitantes.

1. A diversidade cultural da população de Fez e a variedade da estrutura artesanal da medina: os pilares da sua criatividade e produtividade artesanal

O sector do artesanato é um sector que realça a identidade cultural marroquina, uma vez que permitiu a contribuição não só da população local, mas também de expatriados da Andaluzia, de Kairouan e de outras regiões marroquinas, que contribuíram com as suas próprias técnicas, conhecimentos e experiência em vários domínios. Assim, Fès acumulou ao longo dos anos um importante património produtivo. Assim, esta capital tornou-se um reflexo da originalidade da civilização marroquina, bem como uma das suas manifestações artísticas, atraindo turistas dos quatro cantos do mundo.

De facto, este sector artesanal foi acrescentado às outras atracções monumentais e artísticas. O objetivo é transformar a cidade de Fez numa obra-prima turística por excelência, um museu ao ar livre. O sector do artesanato realça a identidade cultural marroquina, uma vez que permitiu que não só a população local contribuísse, mas também os expatriados da Andaluzia, de Kairouan e de outras regiões marroquinas, que contribuíram com as suas próprias técnicas, conhecimentos e experiência em vários domínios. Assim, Fès acumulou ao longo dos anos um importante património produtivo. Assim, esta capital tornou-se um reflexo da originalidade da civilização marroquina, bem como uma das suas manifestações artísticas, atraindo turistas dos quatro cantos do mundo. De facto, este sector artesanal juntou-se às outras atracções monumentais e históricas para fazer da cidade de Fès uma obra-prima turística por excelência, um museu ao ar livre.A infraestrutura artesanal é um dos elementos mais significativos da antiga medina. Contribuiu eficazmente para o traçado das suas ruelas e bairros, ao mesmo tempo que fez do artesanato a sua atividade principal. Embora alguns ofícios tenham desaparecido, os nomes dos locais onde eram exercidos permanecem. Alguns desses bairros são o bairro Hadadine para os ferreiros de Al-Tala'a Al-Kbira, Ain Alou e Al-Nakhline para o fabrico de janelas de ferro, Al-Samarine para as chapas de gado, Al-Balagine para as fechaduras, etc.Quanto à indústria têxtil e de fiação e às profissões que lhe estão associadas, há nomes como Al-Harrareen (indústria da seda), Al-Majadliyine (para os cintos caftan), Sebaghine para a tinturaria de fios e vestidos, bem como os souks de Selhams e Hayek... Quanto à indústria do cobre, existe o bairro de Seffarine, dedicado à produção de utensílios de metal e cobre. Quanto à indústria do couro, existem três curtumes principais para a produção:

- **Fábrica de Curtumes de Chouara:** situada na parte oriental da cidade velha, na margem norte do Oued Boukharab. Milhares de peles de ovelha, vaca e cabra são curtidas diariamente para fabricar selas, babouches e carteiras. Por ocasião da feira nacional do couro em 2019, o diretor regional do artesanato disse sobre este curtume, "sendo considerado um destino turístico mundial por excelência, e visitado anualmente por mais de 90% dos turistas que vêm à cidade de Fez. "

- **Curtume de Sidi Moussa**: Está situado no bairro de Guerniz, perto do Mausoléu de Moulay Idris. Ocupa uma superfície de 1.887 metros quadrados. Tem 85 armários e produz peles curtidas de vaca, ovelha e cabra. Esta mesma fábrica de curtumes é também visitada por vários guias e turistas devido à sua localização no coração da cidade antiga. Para além disso, esta e as outras fábricas de curtumes beneficiaram de reabilitação no âmbito do programa de restauro de 27 monumentos históricos entre 2013 e 2017.

FIGURA 1: A fábrica de curtumes Sidi Moussa, na cidade velha de Fez, depois de renovada

Fonte: trabalho de campo

- **Fábrica de Curtumes Ain Azliten**: situada na periferia norte, perto de Al-Talaa Al-Kabira, é a mais pequena das fábricas de curtumes, com uma superfície não superior a 970 metros e 63 câmaras. Especializa-se principalmente na produção de couro Ziwani, utilizado na indústria de chinelos Ziwani[1] .

Tal como os nomes dos bairros estão relacionados com os tipos de artesanato aí praticados, também estão ligados à atividade comercial. Com efeito, os nomes de certos produtos comerciais são atribuídos ao conjunto do corredor comercial, como é o caso das ervanárias (Attarine), onde se transaccionavam perfumes, ervas medicinais e especiarias, e de Chemaine (venda de velas junto ao santuário de Moulay Idriss).

O centro comercial Galerie Al-Kifah, situado no coração da Medina, inclui também vários mercados especializados dispostos num complexo comercial, como o mercado Jellaba, o mercado do Ouro, o mercado Al-Sabat (sapatos de couro para homem e senhora), o mercado Al-Harrarin (vestuário de seda), o mercado El haïk (cortinas de lã fina para senhora); o Souk Esselham para burnous (capa comprida usada pelos homens por cima da djellaba) e muitos outros.

Figura 2: Planta da galeria Kissariat AlKifah na Medina de Fez

Fonte: Trabalho de campo

A imagem anterior foi colocada na parede dos diferentes lados do centro comercial Al Kifah, mostrando os nomes dos mercados e a sua distribuição pelas diferentes zonas, servindo de guia para quem quiser passear. Este é um local que se destaca pelo seu vasto espaço, múltiplas alas e elegante organização. Para além disso, foi recentemente alvo de obras de restauro e renovação com vista à sua reestruturação. É de salientar que a diversidade de vestuário tradicional, como os caftans, vestidos e Takchita para as mulheres, e djellabas, turbantes e babouches para os homens, é um dos símbolos mais marcantes da identidade cultural marroquina. Em todas as medinas, as principais artérias estão a ser completamente transformadas para responder à procura turística, com bazares e lojas de recordações a florescer. A especialização das ruas por actividades, que constituía a estrutura original de coesão da Medina, está a desaparecer, em parte devido ao turismo. A proliferação de lojas, de oficinas de artesanato, de fondouks e de antigas mansões transformadas em bazares é mais frequente ao longo das principais artérias e no início das vias arteriais que saem dessas artérias[2] . Deste modo, a localização dos estabelecimentos de venda de artesanato está a transformar o espaço urbano da Medina graças ao turismo, na medida em que se distribuem ao longo das rotas turísticas para explorar o fluxo de visitantes como potenciais compradores. O **bazar** é um elo de ligação entre o turismo cultural e o artesanato, criando um cenário turístico no coração da cidade velha. Os visitantes descobrem uma abundância e variedade de produtos em exposição, bem como um meio de adquirir um toque pessoal. coleção de objectos de arte feitos por artesãos Fassi, e uma oportunidade de perpetuar as memórias gravadas na cidade. Desta forma, os bazares desempenham um papel positivo como entidades comerciais intermediárias para promover a diversidade de produtos artesanais aos turistas (destacando particularmente produtos antigos de valor patrimonial, artigos de cerâmica, couro, cobre, madeira, tecidos... pelos quais a cidade é famosa).

2. Artesanato e turismo de experiência na Medina de Fez: uma dualidade entre compras e imersão cultural

Ao meditar sobre a Medina de Fez, o turista poderá observar muitos artesãos a trabalhar arduamente na criação de artesanato nas suas oficinas e lojas. Também é possível comprar estes produtos diretamente a estes artesãos ou nas lojas e bazares dedicados ao artesanato que se encontram ao longo dos percursos turísticos da antiga Medina, permitindo aos turistas trazer uma recordação única e autêntica que reflecte a sua estadia em Marrocos. Esta é a motivação da grande maioria dos turistas, que compram objectos para recordar a sua viagem. Outros turistas são motivados pela aquisição cultural e educacional, pois desejam aumentar o seu conhecimento e cultura. Há também aqueles que compram presentes para oferecer aos seus entes queridos, o que constitui uma motivação generalizada entre os turistas, embora a sua intensidade varie consoante o sexo, a idade e a nacionalidade.

Constatamos, por exemplo, que o mercado americano tem uma cultura de compras e de consumo bem estabelecida, bem como um poder de compra significativo (facto atestado pela maioria dos guias e actores inquiridos). Por seu lado, os guias desempenham um papel central na apresentação aos turistas dos diferentes produtos artesanais que podem ser adquiridos aquando da exploração da cidade, nomeadamente as lembranças tradicionais. Os turistas compram estes produtos em função da forma como lhes são apresentados e da necessidade que criam na cidade. para os incentivar a efetuar uma compra. Neste sentido, os vendedores que trabalham nos Bazares podem apoiar os guias com explicações patrimoniais sobre os processos de produção dos artesãos, tentando persuadir os turistas a comprar os vários produtos expostos depois de perceberem como são feitos. Dos telhados, os visitantes podem desfrutar de uma vista panorâmica das cubas cheias de corantes naturais utilizados para tingir o couro. É uma experiência sensorial única, mas também pode ser uma experiência olfactiva forte, devido aos aromas dos produtos utilizados.

Figura 3: Curtumes artesanais na medina de Fez	Figura 4: Um turista comenta os curtumes na medina de Fès
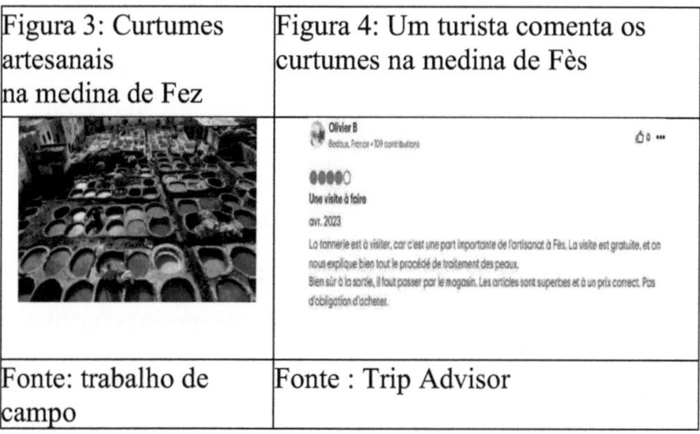	
Fonte: trabalho de campo	Fonte : Trip Advisor

Nos vários pisos são vendidos diversos produtos de couro, incluindo malas, cintos, sapatos, babouches, porta-folhas, poufs e outros produtos tipicamente marroquinos. O vendedor explica como milhares de peles de ovelhas, vacas e cabras são curtidas diariamente antes de se tornarem um produto comercializável, oferecendo aos turistas a possibilidade de escolherem se querem ou não comprar os vários produtos de couro oferecidos, ao mesmo tempo que os encaminha para o local onde os produtos acabados são expostos[3] .

Figura 5: Produtos em exposição nos curtumes de Chouara e explicação dos vendedores

Fonte: trabalho de campo

Entre eles, conta-se o recém-renovado complexo de artesanato Lalla Yeddouna, no coração da antiga Medina, no âmbito da execução do projeto "Crafts-Fès Medina", financiado pela Millennium Challenge Agency (MCC). O objetivo do projeto era desenvolver e valorizar as actividades artesanais, alterar a paisagem urbana e criar pontos de encontro entre artesãos e turistas como local de descanso e de compras, tendo em conta que a praça se situa no final do circuito turístico (quer se parta de Bab Boujloud ou do bairro andaluz), trabalhando para a transformar num espaço de comercialização de produtos artesanais, incluindo actividades de animação. O local contém várias actividades artesanais, como o trabalho em couro, que consiste no fabrico de artigos de couro, como sacos e cintos, e a tecelagem tradicional (Draz), que consiste no fabrico de têxteis tecidos com trama. Há também um Foundouk dedicado especificamente ao fabrico e exposição de caftans, que é a arte de criar vestuário feminino tradicional ricamente decorado, conhecido como "Dar al Caftan". Outro exemplo é o Foundouk Lahssour, dedicado à indústria do couro, onde se podem encontrar artesãos a expor os seus produtos e oficinas de produção nas suas lojas.

Figura 6: Planta das instalações da Place Lalla Yedouna Fès

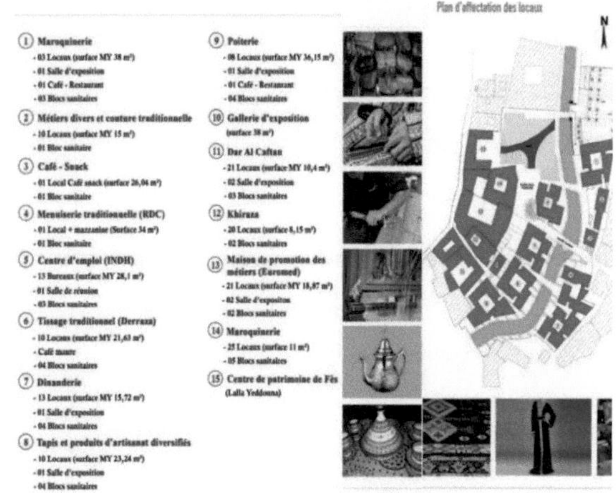

Fonte : Ader Fès

Figura 7: Foundouk Lahssour em Lalla Yeddouna, especializado em trabalhos em couro

Fonte: Trabalho de campo

No Foundouk Lebbata, na estrada de Talaa, ainda se pode observar uma atividade especial ligada à transformação das peles e da lã do gado antes de seguirem para a fábrica de curtumes. À entrada do Foundouk, os produtos estão expostos e os visitantes são convidados a entrar para observar de perto as várias fases de produção efectuadas por artesãos especializados. À entrada, é possível ver como os artesãos cardam a lã das ovelhas, cabras ou vacas, utilizando uma ferramenta essencial chamada "cartão de lã". Esta escova especial tem dentes metálicos finos montados numa superfície plana. Para alisar a lã, a fibra em bruto é primeiro preparada, limpando-a para remover as impurezas.

Figura 8: Moldura de lã e alisamento da pele na Foundouk Lebata Talaa Medina em Fez

Fonte: Visita ao local

De seguida, com a máquina de cardar, a lã é passada para trás e para a frente através dos dentes, separando as fibras emaranhadas, eliminando os nós e obtendo fibras mais uniformes. Este passo é repetido várias vezes até a lã ficar lisa, macia e com as fibras paralelas entre si. De seguida, entra-se na zona do Foundouk, onde se procede a uma nova etapa para alisar a pele com uma ferramenta chamada "Sadrilla" (ver figura 8) ... Depois de ver este processo, o turista é encorajado a comprar o produto acabado, que é um tapete feito de pele de carneiro, de cabra ou de vaca. Estes tapetes podem ser utilizados como elementos decorativos, seja no chão, em móveis ou pendurados na parede, dando um toque estético e acolhedor ao ambiente interior. A olaria, por seu lado, é apresentada em ateliers que compõem a experiência fascinante onde os turistas podem descobrir um saber-fazer na criação de peças únicas e artesanais. Os visitantes têm a oportunidade de observar todo o processo de fabrico no **bairro dos oleiros de Ain Nokbi** (especializado no fabrico de cerâmica tradicional e zelliges), desde a preparação do barro até ao acabamento das peças com múltiplas operações antes de passarem para as mãos dos decoradores que criam motivos geométricos e florais... Durante este processo, os visitantes podem interagir com os artesãos, fazendo perguntas sobre o seu ofício, a sua técnica e a sua história. Todos os dias, grupos de turistas são transportados de autocarro para visitar este local, no âmbito de visitas organizadas. Depois de visitarem e descobrirem a autenticidade dos produtos, o método artesanal e as diferentes fases de produção, bem como de observarem o número de pessoas que trabalham nas oficinas, os turistas são encaminhados para a zona de comércio, onde são recebidos por vendedores locais que falam várias línguas, o que facilita a compra destes produtos.

Figura 9: Mediador local explicando as diferentes fases da produção de barro no bairro dos oleiros de Ain Nokbi.

Fonte: Trabalho de campo

Ainda é possível participar num workshop de cerâmica, como mostra o seguinte comentário no TripAdvisor, que ilustra a experiência de um turista norueguês que gostou desta atividade e partilhou a sua opinião.

Liah Chen
Oslo, Norvège • 13 contributions

0

Expérience amusante!

C'est une expérience formidable, je le recommande vivement si vous avez plus de temps à passer à Fès. Le guide nous a emmenés à l'usine où nous rencontrons les maîtres et artisans locaux. Il a expliqué la procédure de fabrication des pots en argile, de les colorer et de fabriquer des palettes en céramique. Les maîtres nous ont fait la démonstration pendant qu'il expliquait. Ensuite, nous avons eu la chance de l'essayer par nous-mêmes, avec les conseils des maîtres. On doit ramener à la maison ce qu'on a fait.

Avis sur : Atelier de poterie et de céramique

translated by Google

Écrit le 31 mars 2022

Cet avis est l'opinion subjective d'un membre de Tripadvisor et non l'avis de Tripadvisor LLC. Les avis sont soumis à des vérifications de la part de Tripadvisor.

Voyage65986141719

Thanks a lot for choosing us, we're glad you liked the experience :) we hope to see around next time :)

Figura 10: Cobreiros a trabalhar na Place Seffarine em Fez

Fonte: Trabalho de campo

Os produtos de cerâmica são variados e incluem tagines, pratos, vasos, tigelas, pratos... Os artesãos utilizam frequentemente cores vivas e padrões geométricos intrincados para decorar as suas criações, tornando-as objectos atraentes e únicos.

A lataria é outra atividade cativante na medina, nomeadamente na Place **Seffarine.** Tanto os transeuntes como os turistas são atraídos pelo som rítmico dos martelos, como um concerto improvisado por artesãos tradicionais que trabalham ao ar livre. Este espetáculo animado, digno de uma esplêndida exposição museológica, contribui para a reputação de Fès como museu ao ar livre. Por exemplo, os ateliers de **artesanato** (www.craftdraft.org) iniciados por Hamza Fasiki[4] , um jovem artesão oriundo de uma família com uma longa linhagem de tocadores de metais e que conhecia muito bem o ofício. Depois de obter um mestrado em estudos culturais ingleses, optou por inovar no negócio dos seus pais, ao mesmo tempo que se atribuía a si próprio a missão de transmitir e ensinar competências artesanais a habitantes locais e turistas, oferecendo-lhes workshops de artes e ofícios tradicionais. Trata-se de criar experiências de curta duração para que as pessoas se sintam como um verdadeiro artesão e fiquem com uma ideia dos pormenores das técnicas artesanais que envolvem fazer coisas à mão, em vez de comprar um artigo já feito, mas com um valor semelhante, convida-as a sentar-se e a fazer o seu próprio produto.

Figura 11: Workshop de introdução ao artesanato para turistas na medina de Fès

Fonte : Trip Advisor

Por exemplo, podem decorar um tabuleiro com gravações em latão da estrela marroquina de cinco pontas e embelezá-lo com uma série de decorações complexas. No Craft Draft, os participantes têm a oportunidade de mergulhar numa variedade de actividades de artes e ofícios. Em particular, podem experimentar a encadernação de livros, onde o couro é meticulosamente trabalhado para criar capas únicas e personalizadas. A exploração também inclui desenhos geométricos em arabesco[5] , como o Tastir e o Tawriq, técnicas tradicionalmente utilizadas em formas de arte como o zellig (mosaico) e a cerâmica. Utilizando um compasso, um divisor, uma régua e muitas outras ferramentas, os turistas aprendem a desenhar, construir e criar uma variedade de ornamentos geométricos originais de Fez em papel, gesso, latão, madeira e azulejos zellige. Ao mesmo tempo, os participantes têm também a oportunidade de adquirir conhecimentos de caligrafia árabe, trabalhando com ferramentas tradicionais como o Qalam e a tinta, descobrindo a arte de formar letras árabes e escrever os seus próprios nomes. Estas experiências têm tido uma ressonância positiva junto dos turistas, que as elogiam em sítios Web como o Trip Advisor[6] .

Os ateliers de tecelagem " Draz" oferecem aos visitantes uma oportunidade única de mergulhar no coração do processo de criação de tecidos. Estes ateliers permitem aos visitantes aperceberem-se da coordenação precisa e da técnica hábil que permite a integração harmoniosa da trama com os fios da teia (A "trama" desempenha um papel crucial na criação dos tecidos. Constituída por fios tecidos perpendicularmente aos fios da teia, cria uma malha harmoniosa que define a textura e o padrão do tecido final). Após esta introdução ao processo de tecelagem, os visitantes são convidados a comprar produtos acabados, como xailes de várias cores, Hanbals ou Jellabas.

Figura 12: Artesão numa oficina Draz em Place lalla Yeddouna a tecer com a trama

Fonte: trabalho de campo

CONCLUSÃO DO CAPÍTULO

A Medina de Fez oferece muito mais do que um simples passeio pelo passado. É uma imersão viva na arte e na cultura que continua através das mãos hábeis dos artesãos. É por isso que este artigo aborda algumas das ligações entre o turismo e o artesanato que permitem ao turista viver a Medina de Fez. Hoje em dia, muitos intervenientes no sector do turismo tentam criar experiências para os turistas, como passear pela medina e pelos seus souks, ficar num local agradável como um Riad, provar um prato especial... Atualmente, os artesãos podem fazer mais do que mostrar aos turistas o que fazem, podem sentar-se com eles e ajudá-los a fazer as coisas à mão. Isto permite-lhes experimentar de perto o trabalho dos artesãos e acrescentar valor aos produtos acabados, adquirindo-os e contribuindo assim para o ciclo da economia turística. Ao incentivar o desenvolvimento do artesanato local através de ideias inovadoras, a cidade de Fès pode beneficiar em termos de atração de turistas e de criação de emprego e de oportunidades económicas para os residentes locais. Os visitantes podem não só apreciar produtos artesanais de alta qualidade, mas também participar na preservação de uma tradição profundamente enraizada na história e na cultura da cidade.

CAPÍTULO 2

RELAÇÕES ENTRE TURISMO, GASTRONOMIA E INTERCULTURALIDADE: AULAS DE CULINÁRIA E COMIDA DE RUA NA MEDINA DE FEZ

Introdução

A Medina de Fès, uma joia milenar classificada como Património Mundial da UNESCO, revela os seus tesouros culinários e convida-o para uma viagem gustativa inesquecível. A sua gastronomia requintada, fruto de um património rico e de múltiplas influências, oferece aos visitantes uma experiência sensorial única. Mais do que uma simples sessão de degustação, as aulas de culinária mergulham os participantes no coração das tradições culinárias locais. Uma imersão autêntica que favorece o diálogo intercultural e enriquece consideravelmente a experiência turística. O boom do turismo gastronómico é uma resposta à procura de experiências autênticas e envolventes por parte dos viajantes. A gastronomia está a tornar-se um veículo essencial para a descoberta cultural, estimulando os sentidos e criando memórias duradouras. As aulas de culinária enquadram-se perfeitamente nesta tendência, permitindo que os visitantes aprendam os segredos da cozinha local de uma forma interactiva. Longe de serem simples demonstrações culinárias, os workshops de culinária, frequentemente designados por "aulas de culinária", oferecem uma imersão no mundo da gastronomia Fassi. Permitem aos participantes interagir com a população local, descobrir tradições culinárias ancestrais e saborear pratos autênticos preparados com produtos locais frescos. Ao centrarem-se na preparação de pratos emblemáticos, estes workshops permitem aos participantes apropriarem-se do conhecimento e do saber-fazer culinários locais, indo para além da simples degustação. Esta imersão partilhada promove uma compreensão profunda das tradições e estilos de vida Fassi, criando ligações interculturais enriquecedoras.

1. Gastronomia: Um Ativo Importante para a Atratividade Turística, Hospitalidade e Interculturalidade

A mesa é a porta de entrada para um destino e uma atração fundamental para os turistas. Os destinos que valorizam o seu património culinário e oferecem experiências gastronómicas autênticas têm uma vantagem competitiva no sector do turismo. "A gastronomia marroquina demonstrou que desempenha um papel importante na escolha do destino para uma determinada categoria de turistas. Os responsáveis pelo sector do turismo devem ter isto em conta e aproveitar ao máximo as oportunidades oferecidas por este domínio, tanto mais que a cozinha marroquina é uma das melhores do mundo"[7] .

Os viajantes ávidos de novas experiências culinárias recorrem frequentemente à gastronomia marroquina para descobrir sabores únicos e inesperados. Segundo uma entrevista com um guia experiente em Fez, este confirmou que "os turistas ficam muitas vezes surpreendidos e impressionados com a deliciosa cozinha de Fez, o que reforça o seu respeito pela nossa cultura. Ficam fascinados com a diversidade e a qualidade da cozinha. A gastronomia de Fez excede as suas expectativas e oferece-lhes uma experiência culinária memorável. Reconhecem que somos um povo que sabe preparar magnificamente pratos populares saborosos e equilibrados, sem comprometer o requinte gustativo"[8] . BALAKRISHNAN (2021) vai mais longe, considerando que a gastrodiplomacia pode ser considerada uma forma comestível da política externa de um país. O apelo turístico das artes culinárias é também evidente em vários documentários especializados nesta área, bem como com influenciadores e turistas que lançam luz sobre a riqueza deste património através dos seus vídeos e vlogs... A riqueza da gastronomia marroquina reflecte-se também na forma como os anfitriões recebem os seus convidados. As refeições em Marrocos não são apenas ocasiões para comer, mas momentos de partilha e de ligação intercultural. A mesa marroquina, sempre abundante e variada, simboliza a abertura e a generosidade de quem a prepara. Em Marrocos, a importância da refeição não se limita à degustação de pratos deliciosos, é uma forma de celebrar a vida, de partilhar alegrias e tradições e de aprofundar os laços entre as pessoas. A variedade de pratos servidos numa receção reflecte a atenção prestada aos convidados, sublinhando a importância da sua presença, "o ato de comer não é apenas uma necessidade biológica, é também um ato social e cultural, englobando um número infinito de práticas repletas de significado (...) Assim, a cozinha Fassi não é apenas uma questão de sabor, é encenada para alimentar os olhos, é dada para contemplar"[9] . Em suma, "a apresentação, a escolha de alimentos específicos ou a seleção de talheres elegantes são todos elementos que definem a arte culinária"[10] .

2. A Gastronomia de Fez : Um património culinário de excelência

A cozinha, alma de um povo, é como um espelho que reflecte as tradições ancestrais. Em Marrocos, a cozinha é o resultado de uma mistura de conhecimentos e de saberes, moldados pelas diferentes civilizações e culturas que deixaram a sua marca no país ao longo dos séculos. Esta diversidade transformou a cozinha marroquina num mosaico cultural e artístico de grande valor, desde os berberes aos árabes, passando pelos andaluzes e pelos otomanos. Cada grupo contribuiu com as suas próprias tradições culinárias, técnicas e ingredientes específicos, criando uma alquimia culinária única. A cidade de Fez é considerada o centro deste património cultural e culinário, sendo a capital da gastronomia marroquina, com uma reputação nacional e internacional. É a casa da famosa Pastilla, bem como de outros tipos de pratos deliciosos e distintos, como o Marouzieh, o M'hammar, várias tajines, o khali' al fassi, doces e cuscuz. A cozinha de Fès é uma verdadeira explosão de sabores, especiarias e aromas.

Pratos emblemáticos como o cuscuz, a tajine, a pastilla e a harira são preparados com ingredientes frescos, cuidadosamente seleccionados para oferecer combinações de sabores requintadas. A utilização de especiarias como os cominhos, o açafrão, o gengibre e a canela confere à cozinha de Fès a sua assinatura gustativa distintiva. A cozinha Fassi caracteriza-se pela utilização de misturas de especiarias tradicionais, como o ras el Hanout, e por combinações de sabores doces e salgados. Um exemplo emblemático é a pastilla, que reúne uma paleta diversificada de sabores: doce, salgado, azedo, carne, frutos secos e especiarias, ovo cozido... tudo polvilhado com açúcar em pó e canela, com folhas de massa filo por cima, envolvendo este prato delicioso e único de sabores, que é cozinhado até ficar estaladiço.

Figura 13: Pastilla, um prato típico Fassi

Fonte : cuisinonsencouleur.com

A pastelaria marroquina é um verdadeiro tesouro de sabores, com os seus deliciosos doces à base de amêndoas, nozes e mel (Briouates, Chebakias, Cornes de gazelles...). Os mestres pasteleiros de Fès perpetuam as receitas ancestrais e produzem criações tão belas quanto deliciosas. A pastelaria marroquina é frequentemente associada a celebrações e momentos de partilha, fazendo parte integrante do património cultural imaterial de Fès.

Figura 14: Chifres de gazela e briouates de amêndoa com sementes de sésamo

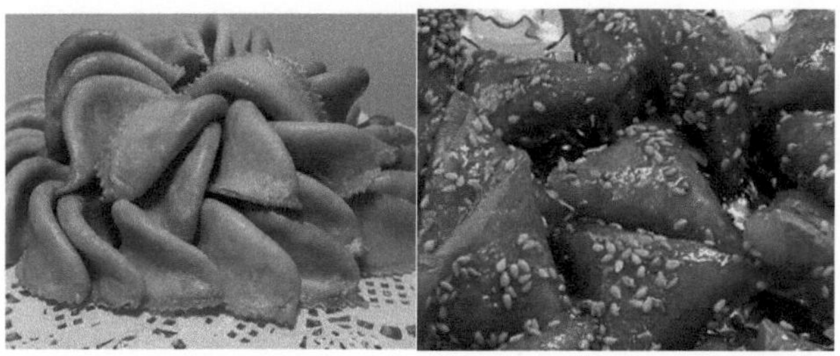

Fonte : www.saveursdetajine.blogspot.com/2013/06/briouats-aux-amandes.html

Os cozinheiros de Fès desempenham um papel essencial como embaixadores da cultura marroquina através da sua arte culinária. Eles perpetuam as receitas tradicionais, os gestos ancestrais e os conhecimentos herdados dos seus avós. A transmissão destes conhecimentos preciosos é essencial para preservar a autenticidade da gastronomia de Fès e partilhá-la com o mundo. "De facto, esta herança é transmitida através dos contos das velhas cozinheiras que manejam com facilidade os segredos desta arte culinária. Estas senhoras são uma enciclopédia gastronómica indispensável"[11] .

3. Aulas de culinária como meio de imersão cultural para os turistas

Os workshops de culinária e as aulas de cozinha são formas eficazes de transmitir conhecimentos culinários aos viajantes. Estas experiências interactivas permitem aos participantes aprender a preparar pratos típicos sob a supervisão de chefes locais experientes. Trata-se de uma oportunidade única para viver uma experiência de imersão na cozinha marroquina, descobrir os segredos das receitas marroquinas e sair com novos conhecimentos culinários. Numa entrevista fascinante[12] com um chefe experiente em Fez, ele partilhou a metodologia imersiva adoptada nos workshops de culinária. Desde o início, é criada uma atmosfera calorosa e amigável, centrada na apresentação dos participantes e numa contextualização da cozinha marroquina com uma descrição do equipamento de cozinha, utensílios específicos e ingredientes locais. Em seguida, o chefe demonstra cada etapa do processo de preparação, dando conselhos sobre técnicas de corte, cozedura e apresentação. Os participantes são encorajados a participar ativamente, recebendo assistência individual para garantir a compreensão e o domínio das competências culinárias. A tónica é colocada na exploração sensorial, convidando os participantes a desenvolverem os seus sentidos culinários através da degustação e do cheiro dos ingredientes. Por último, o momento de convívio da degustação dos pratos preparados em conjunto cria uma atmosfera memorável de troca e partilha. Estes ateliers oferecem a oportunidade de interagir com chefes locais e permitem intercâmbios interculturais directos, onde os participantes podem fazer perguntas sobre a cozinha, a vida quotidiana e outros aspectos da cultura marroquina. Na Internet, é possível encontrar muitos estabelecimentos, pensões, restaurantes e agências de viagens que oferecem estes cursos de culinária aos turistas (a um preço médio de 55 euros por pessoa), incluindo uma degustação dos frutos do seu trabalho.

Figura 15: Comentário de um turista sobre a visita aos souks antes da exposição o seu atelier de culinária

Fonte : Trip Advisor

Antes de iniciar o workshop de culinária, muitos estabelecimentos oferecem visitas aos mercados e souks da medina, para que os turistas possam descobrir os ingredientes locais utilizados na cozinha marroquina e adquirir os que serão utilizados na aula de culinária. A atmosfera vibrante e animada dos mercados cria uma experiência sensorial cativante, oferecendo aos turistas uma visão imersiva da gastronomia local. Existe também o que é conhecido como Street Food ou tour gastronómico para descobrir os pratos tradicionais espalhados pelas ruelas da medina de Fès. Os passeios incluem paragens em várias bancas de comida de rua, padarias tradicionais, pastelarias e mercados locais. As degustações são adaptadas às estações do ano e às preferências alimentares dos visitantes. participantes, garantindo uma experiência personalizada. Desde espetadas grelhadas e bolinhos doces e salgados até sopas tradicionais, bissara (feita de feijão) e pastelaria marroquina (briwa, chebbakia, etc.). Os turistas têm a oportunidade de provar pratos autênticos preparados diante dos seus próprios olhos.

4. Recolha de opiniões dos turistas sobre as aulas de culinária

Para esclarecer este domínio, foi efectuado um estudo analítico, baseado na análise das opiniões dos turistas publicadas no Tripadvisor. Esta análise forneceu uma visão das percepções dos visitantes sobre a gastronomia marroquina, com foco em workshops de culinária, passeios gastronómicos e visitas a restaurantes locais. De acordo com o feedback do site TripAdvisor.com, a gastronomia da Fassi está a atrair um grande interesse dos turistas em busca das especialidades culinárias da região.

A sua experiência gastronómica com a Cooking Class testemunha a sua satisfação com uma cozinha que vão descobrir, cuidadosa e gradualmente, com a população local, que generosamente lhes abriu as portas: "Durante o meu workshop de culinária em Fez, aprendi a preparar um delicioso tajine. Foi uma experiência autêntica que me permitiu mergulhar na cultura culinária marroquina e compreender as subtilezas das especiarias e dos ingredientes locais."[13] .

O tajine, prato emblemático de Marrocos, frango com azeitonas e limões em conserva, carne com ameixas secas e amêndoas, ou o tajine de legumes, destaca-se graças às distintas apreciações e aprovações dos turistas. Também o cuscuz de Fès, muito popular em Marrocos, servido com legumes e carne ou frango, deixa uma impressão duradoura nos visitantes. A Pastilla, uma especialidade doce e salgada feita de folhas de massa de tijolo, frango ou pombo, amêndoas e açúcar em pó, apela aos turistas com os gostos mais refinados. Por último, mas não menos importante, há os pastéis regionais, que fazem crescer água na boca das pessoas quando os descobrem pela primeira vez. São confeccionados com amêndoas, mel e canela. Os mais conhecidos são os chifres de gazela, os Briouates com amêndoas, os makrouts e as Chebbakias.

Figura 16: Exemplo de pratos propostos nas aulas de culinária de um restaurante na medina de Fez

https://www.cafeclock.com/cooking-classes-1

- Zalouk - roasted aubergine with spices
- Khizou M'shrmel - marinaded carrot salad
- Shlada d l'barba - beetroot salad
- Taktouka - spiced green pepper salad

Soups, a choice of:

- Harira – traditional hearty Moroccan soup
- Bissara – split pea or broad bean soup with spices, garlic and olive oil

MAINS (Couscous, Tagine or B'stella) ,a choice of:

- Seksou b Sbeع khdari - Seven vegetable couscous
- Seksou T'faya - Couscous Boohaloo: with almonds, caramelized onions and raisins
- Tagine b t'mer w l'berkok - Tagine with prune and date
- Tagine b l'khodra: seasonal tagine with vegetables such as quince & okra or wild with a choice of Chicken, Lamb or Beef
- Tagine djaj m'kalli - chicken with preserved lemon and olive
- Tagine b l'hout - fish tagine (dependent on availability in souk)
- B'stella b'djaj – chicken bastilla
- B'stella b l'hout – fish bastilla

DESSERTS a choice of:

- Letshine b l'karfa - orange & walnut salad
- Ghriba d l'3sel - honey fassi maccaroons

Fonte: cafeclock.com/cooking-classes-1

Agora, tendo analisado cuidadosamente os comentários feitos pelos turistas internacionais sobre a sua experiência culinária no terreno Fassi, é evidente que os exploradores estavam unanimemente satisfeitos com "(Super experiência que recomendamos), (Obrigado por um ótimo momento), (Experiência extraordinária) (Fantástica experiência culinária marroquina autêntica)...". Enquanto alguns ficaram surpreendidos com a potencial variedade de métodos culinários: "Vão apreciar a comida de uma forma diferente, descobrindo novas técnicas", outros tiveram mais prazer em desmistificar os ritos do souk e os seus segredos: "Abou, que nos apresentou o souk, os seus códigos e as suas especialidades, deliciou o nosso paladar...".

Figura 17: Turistas a falar das suas experiências culinárias e culturais na aula de culinária

Elodie D
1 contribution

Une véritable rencontre culturel et culinaire ! Je recommande à 100%

C'était une super expérience.
Une véritable rencontre culturel et culinaire!

Nous avons commencé la journée avec Abou qui nous a fait découvrir le souk, ses codes et ses spécialités qui nous a régalé les papilles.

Nous avons cuisiné avec Fatima, c'est un super professeur qui aime partager son savoir et sa culture.

Abou nous à ensuite partager de précieux conseils pour la suite de notre séjour.

Vous pouvez y aller les yeux fermés.

Merci beaucoup à vous deux.

Elodie
Moins d'infos

Écrit le 12 novembre 2022

à partir de 78,98€ Vérifier la disponibilité

Nourriture délicieuse, excellente compagnie et une excellente façon de découvrir Fès !

oct. 2023 • En couple

Journée amusante dans les souks de la médina, rassemblant des ingrédients et dégustant des plats locaux en cours de route. Retour au Palais Amani pour apprendre à cuisiner de délicieux tajines de poulet au citron confit. Certainement l'un des points forts de notre voyage; une excellente façon de s'immerger dans la culture marocaine. Lubna, ou guide du Palais Amani, a contribué à faire de cette expérience une expérience mémorable pour nous. Elle a un grand sens de l'humour et c'est tellement amusant d'être avec elle. Le chef nous a beaucoup appris. Au plaisir de mettre à l'épreuve nos nouvelles compétences culinaires en tajine à la maison en utilisant la recette et les épices qui nous ont été offertes à la fin de notre cours. 10/10 je le recommanderais.

Moins d'infos

translated by Google
Écrit le 18 novembre 2023

Fonte : Trip Advisor

Os participantes nas aulas de culinária são motivados tanto por necessidades sociais, como o desejo de interação social, como por elementos utilitários, como a aquisição e aplicação de competências práticas. Do ponto de vista da experiência, os participantes procuram uma mistura de entretenimento e escapismo, procurando prazer e uma fuga à rotina diária. O aspeto educativo das aulas de culinária parece ter sido particularmente marcante para os participantes, sugerindo que estas actividades não são apenas entretenimento, mas também oportunidades de aprendizagem significativa. O elemento de entretenimento, por sua vez, ajudou a criar uma experiência globalmente enriquecedora. Muitos destes resultados foram também demonstrados noutras zonas turísticas onde estes workshops são oferecidos (SUNTIKUL et Al, 2020; KOKKRANIKAL e CARABELLI, 2021; ARTUKLU, 2022). Em suma, as aulas de culinária oferecem experiências memoráveis, mergulhando os participantes na riqueza da cozinha marroquina. Estes momentos combinam o prazer de cozinhar com uma imersão intercultural, criando memórias gustativas para manter os turistas felizes.

CONCLUSÃO DO CAPÍTULO

O turismo do património imaterial, em particular a gastronomia, é uma oportunidade única para dar a conhecer uma tradição culinária milenar e promover a interculturalidade. O turismo gastronómico destaca o talento dos restauradores e chefes de cozinha locais e o seu contributo para a preservação das tradições culinárias da cidade. A gastronomia de Fès é muito mais do que uma simples experiência gustativa, é uma viagem no tempo, uma imersão na história e na cultura de uma cidade ancestral. As experiências culinárias autênticas podem ajudar a reter os turistas e a recomendar o destino a outros viajantes. Os visitantes que desfrutaram de uma experiência culinária única têm mais probabilidades de regressar ao destino no futuro ou de o recomendar a amigos e familiares. A gastronomia pode, por conseguinte, desempenhar um papel importante na promoção e na fidelização dos turistas. Em suma, o deslumbramento dos turistas com as delícias culinárias reforça o seu respeito pela nossa cultura e civilização. A gastronomia de Fez é uma montra do património e da criatividade culinária e o facto de os visitantes não esperarem uma tal experiência culinária reforça o seu apreço pela nossa cultura. Ao promover a gastronomia de Fez, a cidade pode atrair um turismo culinário de qualidade, contribuindo para o crescimento do sector do turismo e para a reputação do destino.

CAPÍTULO 3

"GUIAS ACOMPANHANTES: EMBAIXADORES CULTURAIS PARA A INTERPRETAÇÃO DO PATRIMÓNIO E A IMERSÃO CULTURAL NA MEDINA DE FEZ"

Introdução

A Medina de Fez atrai milhares de turistas todos os anos, atraídos pela sua rica história e património, que resume as diferentes fases da história marroquina ao longo dos últimos 12 séculos. Como uma das mais antigas capitais islâmicas e árabes do Norte de África, é uma grande oportunidade para recuar no tempo e descobrir as muitas facetas da história e da cultura marroquinas. No entanto, explorar a Medina de Fez pode ser difícil para os visitantes, devido à complexidade das suas ruas estreitas (3.000 ruelas) e ao labirinto de edifícios históricos (11.000 edifícios de diferentes tipos: 740 palácios e belas residências, 176 mesquitas, 83 mausoléus e zaouias, 11 medersas...). Os visitantes podem facilmente perder-se ou passar ao lado de sítios importantes durante a sua visita, o que pode limitar a sua experiência cultural.

Foram realizadas entrevistas semi-estruturadas a uma amostra de guias turísticos com uma vasta experiência no sector e um conhecimento profundo da Medina de Fez. Isto permitiu-nos recolher informações aprofundadas sobre a questão em causa, revelando as experiências, perspectivas e desafios encontrados pelos guias turísticos no seu papel de facilitadores interculturais.

Foram também efectuadas visitas periódicas à Medina de Fez para acompanhar os guias nas suas visitas à Medina e ver de perto a sua contribuição para a apresentação dos sítios patrimoniais e a promoção dos produtos artesanais, bem como para a orientação de itinerários turísticos pelas ruas antigas da Medina.

1. Múltiplos papéis para os guias

De acordo com a Delegação de Turismo de Fez, em 2023, o número de guias oficiais aumentou para 560. Estes profissionais são remunerados de acordo com vários critérios, tais como o tempo de acompanhamento dos turistas, o número de turistas que guiam, as suas competências e a sua experiência no mercado. Os preços variam geralmente entre 250 e 800 dirhams por dia, consoante os serviços prestados. Os guias podem também receber gorjetas dos turistas como recompensa por um serviço de qualidade. Os guias turísticos desempenham um papel crucial na experiência do visitante, revelando o rico património da medina de Fès. Ao estabelecerem um diálogo interativo com os turistas, permitem uma melhor compreensão do significado histórico do local e incentivam a apreciação da sua dimensão cultural. Como facilitadores culturais, os guias locais em Fez ajudam a ultrapassar as barreiras linguísticas e incentivam a interação entre os viajantes e os habitantes locais. A sua presença facilita a participação dos visitantes em actividades locais autênticas, enriquecendo a sua experiência turística. Os guias turísticos de Fez também actuam como embaixadores culturais da cidade, fornecendo aos turistas informações aprofundadas sobre o património cultural, a história e os costumes locais. O seu acompanhamento a locais turísticos e monumentos históricos permite aos visitantes mergulharem na história e na vida social da cidade. O impacto positivo de um serviço de guias bem sucedido reflecte-se muitas vezes na satisfação dos turistas, que exprimem o seu prazer em descobrir os segredos escondidos da medina graças à perícia dos guias. Um turista sublinhou a importância desta experiência ao afirmar "Visitar a medina com um guia é, na minha opinião, essencial para conhecer toda a sua história e os seus segredos e descobrir sítios que estão quase escondidos". Os guias turísticos devem possuir um vasto leque de competências, incluindo um conhecimento profundo da cultura local, da história e do artesanato tradicional, bem como a capacidade de responder às perguntas e necessidades dos turistas.

Em geral, passam entre 5 e 8 horas por dia na visita guiada, podendo ser ainda mais longas nas visitas de cidade para cidade. A medina de Fez, em particular, é um labirinto de ruas estreitas e labirintos intrincados. Os guias conhecem os melhores percursos, as atracções obrigatórias e os locais menos conhecidos, mas igualmente fascinantes. O nosso estudo, baseado nos relatos de 120 turistas internacionais que partilharam as suas aventuras na medina no TripAdvisor, revela uma dimensão profunda do turismo de experiência. Entre estes viajantes, 39% exprimiram uma preocupação comum: perderem-se nos meandros das ruelas labirínticas da cidade velha. Foi neste contexto que a intervenção de um guia turístico oficial foi particularmente valorizada. Para estes visitantes, a contratação de um guia certificado era muito mais do que uma simples medida de segurança. Para além de facilitar a navegação nos bairros históricos, o guia desempenha um papel crucial no enriquecimento da sua experiência cultural. Graças ao seu profundo conhecimento do local, ele foi capaz não só de iluminar a sua exploração, revelando aspectos escondidos da medina, mas também de lhes oferecer informações valiosas sobre a história, a arquitetura e a vida dos jornais locais. A interação com um guia acreditado permitiu a estes viajantes mergulharem autenticamente na cultura marroquina, com toda a tranquilidade. Puderam descobrir as tradições locais, saborear a cozinha tradicional e interagir com a população local, enriquecendo a sua estadia com memórias e aprendizagens profundas.

2. Orientação dos circuitos turísticos na Medina de Fez e imersão cultural nas suas ruelas

A principal função dos guias é planear e orientar os percursos turísticos na Medina com base na sua experiência no terreno, tendo em conta vários critérios como as motivações e interesses dos turistas guiados, a sua capacidade física para percorrer as ruas estreitas da Medina e o tempo disponível para a visita. A partir dos inquéritos de campo efectuados aos guias turísticos, verificámos que os percursos que realizam na Medina, na sua maioria com a duração de um dia (tendo em conta que a estadia média em Fez é de dois dias[14]), se dividem em diferentes circuitos, distinguindo-se os percursos extra-Muros e intra-Muros.

- **Circuito extra Muros (mapa 1)**: efectua-se em transporte turístico, partindo do palácio real e da sua porta ornamentada junto ao bairro de Mellah. Em seguida, dirija-se ao Borj Sud, junto a Bab Ftouh, para apreciar a vista da cidade.fascinante vista panorâmica da Medina e dos seus monumentos, como os minaretes das mesquitas Qarawiyin e andaluzas ...

A visita prossegue depois para o bairro de Fakharine Ain Nokbi para descobrir as oficinas de cerâmica. A visita pode também levá-lo ao Borj Nord, construído durante a época sadiana e onde se encontra o Museu das Armas, que oferece uma outra vista panorâmica do conjunto da antiga Medina.

- **Itinerários intramuros (mapa 2)**: podem ser identificados três itinerários principais utilizados pelos guias com os turistas na antiga Medina, com o seguinte número de visitantes:

A. Circuito Bab Boujloud - Oued Zhoun: (30% de utilização pelos guias inquiridos)

A entrada para este passeio é facilmente acessível de carro a partir do famoso portão Bab Boujloud (conhecido pela sua bela arquitetura e pelas cerâmicas verdes e azuis em ambas as fachadas), descendo depois por duas vias principais Talaa Kbira ou Sghira[15] em direção ao centro da Medina e onde poderá descobrir os principais monumentos da Medina, tais como :

- Medersa Bouanania e Medersa Attarine

- Foundouk, fonte e local Nejjarine , local Seffarine

- Curtume Sidi Moussa / Curtume Chouara

- Triângulo histórico: Mausoléu de Moulay Driss / Mesquita de Quaraouiyine (depois de o seu portão Chemmaine ou Bab Lwerd) e Zaouia Sidi Ahmed Tijani.

O triângulo histórico concentra actividades artesanais e comerciais (quissarias, souks, foundouks, curtumes, tinturarias, latoarias, etc.) e atrai um grande número de visitantes, nacionais e estrangeiros, uma vez que se situa no coração da medina e é pontuado pelos monumentos emblemáticos de Fez, como mostra a figura abaixo.

Figura 18: Eixos do triângulo histórico na Medina de Fez

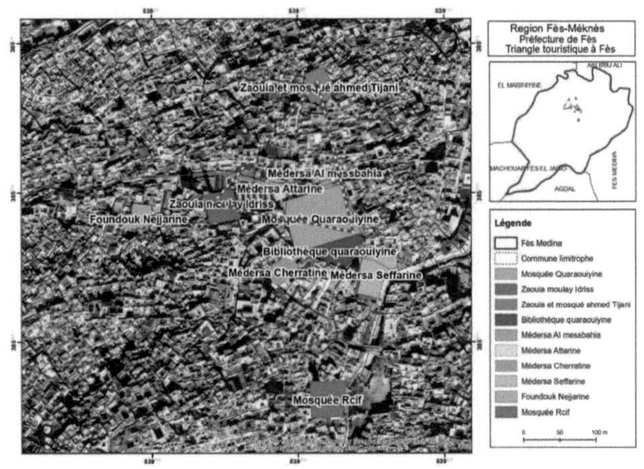

Fonte: Imagem de satélite (Esri)

Na maioria dos casos, este circuito conduz à saída de Oued Zhoun, que dispõe de um parque de estacionamento.

B. Circuito Rcif-Oued Zhoun: (60% de utilização pelos guias inquiridos)

Este passeio caracteriza-se pela sua **topografia de fácil acesso**, com acesso através da entrada Rcif e do seu portão Sid el Aouad, permitindo aos visitantes descobrir os principais monumentos históricos do centro da Medina num espaço de tempo muito curto, o que explica o facto de ser tão popular entre a maioria dos guias, bem como o primeiro passeio:

-Place Seffarine e Biblioteca Quaraouiyine

- Mesquita de Quaraouiyine (a sua porta Bab el Ward ou Bab Chemaine)
- Medersa e Souk Attarine (a medersa de Cherratine também pode ser visitada)
- Fonte, local e Fondouk Nejjarine
- Mausoléu de Moulay Driss e Sidi Ahmed Tijani Zaouia
- Tannerie Chouara e saída por Oued Zhoun

C. Tour do Bairro Andaluz: (10% de taxa de utilização pelos guias inquiridos)

Este percurso é conhecido pelo seu reduzido número de turistas[16] em comparação com outros percursos[17] , embora alguns guias o façam com os turistas para lhes mostrar um outro aspeto da simplicidade e da vida popular, e pelos turistas espanhóis, devido à sua ligação com os andaluzes (de onde provém o seu nome) que se estabeleceram nesta zona depois de emigrarem.Este percurso começa frequentemente em Bab Al-Khoukha antes de visitar os dois principais marcos deste bairro, nomeadamente a Mesquita Al-Andalus e as maravilhosas Medersas Al-Sahrij (transformadas em centro de caligrafia após o seu restauro). Com a inauguração do projeto do complexo artesanal na Praça Lalla Yadouna, esta tornou-se também uma estância turística, antes de chegar à Praça Seffarine pela Rua Mashatine e terminar o percurso no Rcif.

Mapa 1: Circuito turístico extra muros da Medina de Fez

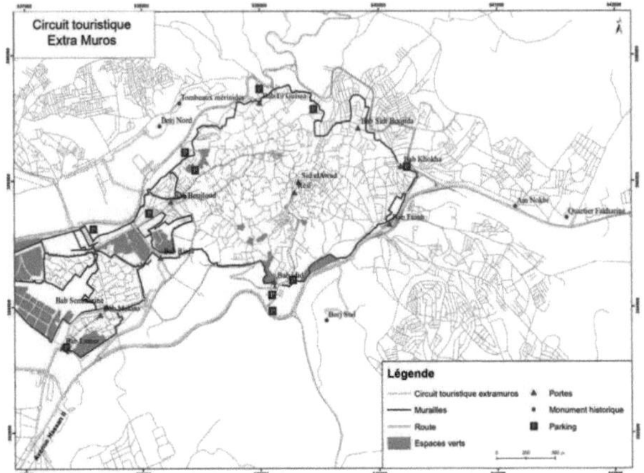

Fonte: Inquérito de campo

Mapa 2: Principais percursos efectuados pelos guias turísticos na Medina de Fez

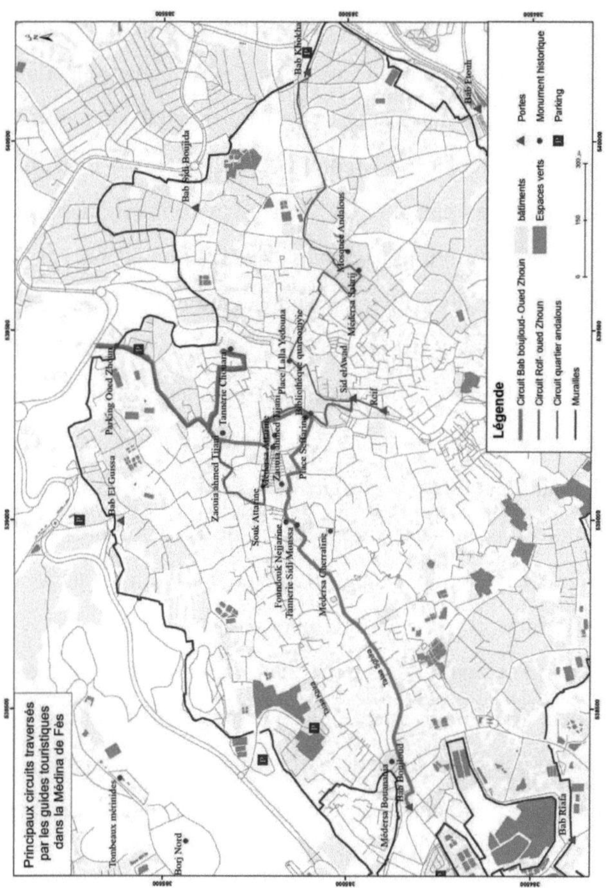

Fonte: Inquérito de campo

3. Os guias turísticos e a construção do diálogo intercultural

O guia turístico desempenha um papel crucial na sensibilização para o património cultural, explorando vários itinerários e apresentando diferentes monumentos históricos. Um guia experiente, habituado a lidar com turistas de diferentes nacionalidades (nomeadamente ingleses, americanos e australianos), sublinhou a riqueza patrimonial da cidade de Fez e que, por isso, não pode explicar todos estes aspectos aos visitantes, o que o obriga a condensar a informação, tornando-a cativante para prender a atenção e despertar o desejo de descoberta. Observou também que os turistas ficam maravilhados com o rico património de Fez, que apresenta semelhanças notáveis com a civilização andaluza, como testemunham a Madrasa Al-Attarine e o Bou Inania, que faz lembrar o sumptuoso palácio de Alhambra em Granada. Mostrou-nos testemunhos de turistas internacionais que acompanhou e como a sua experiência e profissionalismo tiveram um grande impacto sobre eles. Nos seus comentários, expressaram a sua preferência por Fez em relação a outras cidades como Rabat, Casablanca e Marraquexe. O guia tem também como objetivo "promover a aceitação das diferenças culturais como base essencial da diversidade humana e reforçar a presença de certos símbolos culturais do país de acolhimento junto dos turistas, quer através de certas expressões linguísticas, gestos culturais ou vestindo roupas tradicionais e encorajando os turistas a comprá-las. Procura corrigir estereótipos negativos sobre a sociedade de acolhimento na mente dos turistas e dissipar mal-entendidos sobre certas noções religiosas no país de acolhimento, como a perceção do Islão no Ocidente". Isto pode ser utilizado como publicidade indiretamente positiva para outros turistas, dando ao guia a oportunidade de apresentar uma imagem correcta em resposta a imagens distorcidas nos meios de comunicação social e de contrariar o desconhecimento do mundo árabe e islâmico, da sua civilização e cultura. Ao mesmo tempo, os guias turísticos devem ser formados para dialogar e interagir com os turistas internacionais sobre questões religiosas, uma vez que alguns turistas chegam com ideias erradas e perguntas que requerem respostas sábias e informadas (como as questões relacionadas com as mulheres, o véu, a violência, etc.). Por exemplo, para responder à questão do lugar inferior das mulheres no Islão, citou o exemplo da cidade de Fez, onde a Universidade Al Quaraouiyine, considerada a mais antiga universidade do mundo que ensina várias ciências religiosas e seculares, foi fundada por uma mulher, Fátima Al-Fihriya. Outro guia turístico de língua espanhola sublinha que o tratamento humano dos turistas é essencial para deixar uma impressão positiva. De facto, muitos comentários no TripAdvisor elogiam a sua boa orientação e o seu bom comportamento e recomendam que se recorra aos seus serviços. Sublinhou a importância de apresentar a cultura árabe-islâmica de uma forma atractiva e de mostrar a sua interação com outras culturas. Está preparado para se adaptar a todos os tipos de turistas com dignidade, sensatez, sorriso e hospitalidade e, se necessário, com firmeza quando se trata de questões de soberania nacional e religiosa, ao mesmo tempo que se esforça por corrigir a desinformação e as ideias preconcebidas, fornecendo informações exactas. Para fazer o seu trabalho da melhor forma possível, não se poupa a esforços de formação contínua, lendo e debatendo com especialistas para se manter atualizado. De facto, os turistas vêm muitas vezes com uma sede de conhecimento e de informação prévia obtida em várias plataformas online, o que exige do guia uma informação mais extensa, precisa e detalhada. Embora este último tivesse lido vários livros sobre Marrocos e a cidade de Fez antes da sua visita, reconheceu que a informação fornecida pelo guia turístico era única e distinta, e que não a tinha encontrado nas fontes que tinha consultado anteriormente. Os guias turísticos também facilitam uma experiência de viagem no tempo, permitindo que os turistas revivam épocas passadas através de histórias e anedotas locais. Como actores do turismo de experiência, permitem que os visitantes de Fez mergulhem no rico tecido cultural e histórico da cidade, promovendo uma compreensão mais profunda e imersiva da cultura local. Esta imersão cultural desempenha um papel essencial no diálogo intercultural, permitindo aos turistas compreender e apreciar as diferenças e semelhanças entre as suas próprias culturas e as de Fez. Desta forma, o guia torna-se um mediador, estabelecendo ligações entre os visitantes e a comunidade local, e encorajando uma troca enriquecedora de ideias e perspectivas.

4. Guias turísticos: actores-chave na interpretação do património cultural

Os guias turísticos desempenham um papel fundamental na orientação dos itinerários dos visitantes pela medina de Fez, apresentando os diferentes tesouros patrimoniais da cidade. Têm em conta uma série de critérios, entre os quais os destacados pela maioria dos guias, como as motivações e os interesses específicos dos visitantes, bem como a sua condição física, idade e duração da visita. As visitas guiadas pela medina de Fez oferecem uma variedade de itinerários para descobrir diferentes facetas do património da cidade. Entre estes itinerários, os guias destacam vários monumentos históricos, por exemplo :

- **A Medersa de Bou Inania:** As medersas proliferaram durante a época dos Marinidas, no auge da civilização, que procuraram embelezar estes estabelecimentos para proporcionar um ambiente favorável aos estudantes. Criadas para formar as futuras elites do Estado, atraíam estudantes de todo o Marrocos. Atualmente, estas medersas cativam turistas de todo o mundo, que vêm descobrir a sua beleza e os ofícios tradicionais que albergam. Os guias turísticos tentam incluir uma destas medersas nas suas visitas para realçar a importância científica e cultural de Fez.

A Medersa de Bou Inania é uma das mais famosas e mais visitadas de Fez. Construída pelo sultão Abu Inan Merinid, leva o seu nome e é conhecida pelas suas criações artísticas em cerâmica, gesso e madeira, em harmonia com a arquitetura e a civilização artística da era Merinid dentro das suas paredes. O viajante Ibn Battuta disse sobre ela: "Não vi nada igual na Síria, no Egipto, no Iraque ou no Khurasan". Com os seus dois andares e 40 salas, a medersa é também o único local onde se celebram as orações de sexta-feira, para além das cinco orações diárias. Para além disso, existe um relógio de água em frente à escola que evidencia o desenvolvimento tecnológico que chegou à cidade durante a época dos Merinidas de Marrocos.

Figura 19: O pátio da medersa de Bou Inania e o seu relógio de água

Fonte: Fotografia pessoal

É de salientar que estas instituições, para além de outros monumentos históricos, acolhem encontros intelectuais e conferências, nomeadamente no âmbito do Festival da Cultura Sufi ou do Festival de Música Sacra, sublinhando a importância do diálogo cultural entre os povos.O Festival de Música Sacra, criado em 1994 por iniciativa de Fawzi Squali, figura influente nos domínios da antropologia e do pensamento sufi, em resposta aos acontecimentos da Guerra do Golfo, tem por objetivo contribuir artisticamente para favorecer a aproximação entre os povos e promover a cultura da paz (duas condições importantes para desenvolver o turismo internacional e evitar as crises). Desde 2001, o festival foi selecionado pelas Nações Unidas como um dos eventos mais importantes que contribuem de forma significativa para o diálogo entre civilizações, ganhando notoriedade internacional graças a vários meios de comunicação audiovisuais e escritos internacionais e nacionais.

Figura 20: Conferência intelectual à margem do Festival da Cultura Sufi no Bou Inania Medersa

Fonte: Fotografia pessoal

Figura 21: Serões artísticos no espaço espiritual do Festival de Música em Jinan al-Sabeel

Fonte: Fotografia pessoal

O festival contribui de forma significativa para a promoção da cidade de Fez e para a sua atração como destino turístico. Todos os anos, é selecionado um tema específico centrado no diálogo, na paz e na proximidade entre os povos, que é debatido ao longo dos dias do festival em mesas redondas e conferências paralelas. Estes debates são conduzidos por uma equipa de investigadores e académicos marroquinos e estrangeiros, atraindo turistas de elevado nível cultural. O festival oferece uma oportunidade única de encontros e intercâmbios artísticos entre as civilizações e culturas do mundo. Todos os anos, o festival acolhe vários artistas de renome de todo o mundo, dando ao público a oportunidade de descobrir as produções artísticas de vários países.

CONCLUSÃO DO CAPÍTULO

Na medina de Fez, a interpretação do património é crucial para dar vida à sua rica história e cultura vibrante. Os guias turísticos desempenham um papel central neste esforço, revelando o profundo significado dos locais emblemáticos, das tradições seculares e das práticas artesanais pelas quais a cidade é conhecida. Reconhecer a importância dos guias e apoiar a sua formação contínua são aspectos essenciais para reforçar o impacto positivo que podem ter no turismo cultural em Fez. Ao investir no seu desenvolvimento profissional, garantimos uma melhor qualidade da interpretação do património, que cria experiências memoráveis para os visitantes. Uma interpretação do património bem sucedida não só esclarece os visitantes sobre o passado glorioso da Medina, como também estimula a sua apreciação do presente da cidade. Ao compreenderem as histórias e as tradições transmitidas pelos guias, os turistas podem compreender melhor a riqueza cultural e histórica de Fez, enriquecendo a sua experiência de viagem e deixando-os com memórias duradouras.

CONCLUSÃO DO LIVRO

A interpretação do património em Fez é crucial para dar vida à rica história e à vibrante cultura da Medina. Os guias desempenham um papel central na revelação do significado mais profundo dos locais emblemáticos, das tradições seculares e das práticas artesanais. Alguns guias encorajam os visitantes a participar ativamente nas demonstrações de artesanato, quer se trate de olaria, de cobre ou de outros ofícios tradicionais.

Esta imersão prática permite aos visitantes compreender o processo criativo por detrás do artesanato, aumentando a sua apreciação destes ofícios. A interpretação bem sucedida do património cria experiências memoráveis, estimulando a apreciação do passado e do presente da Medina. A descoberta imersiva e guiada de tesouros artesanais e gastronómicos oferece uma experiência completa e enriquecedora, permitindo que os visitantes se liguem profundamente à cultura local.

Ao participar em workshops, visitar ateliers de artesãos, participar em aulas de culinária ou provar produtos locais, os viajantes podem não só apreciar as riquezas de uma região, mas também contribuir para a preservação do seu património vivo. Esta abordagem reforça a atração turística das regiões, apoiando simultaneamente os artesãos e produtores locais. A visita guiada imersiva à medina de Fès vai além de um simples passeio pelas ruas históricas; é uma viagem interactiva através dos tempos. Combinando história viva, arquitetura impressionante, artesanato tradicional e delícias culinárias, esta experiência permite aos visitantes sentir, tocar e saborear a riqueza do passado de Fez. É uma forma única de compreender a cidade, não apenas como uma localização geográfica, mas como uma testemunha viva da história e da cultura marroquinas.

Os guias turísticos desempenham um papel essencial na transmissão de conhecimentos sobre a cultura e o património da cidade de Fez. Acompanhando os turistas aos locais turísticos e monumentos históricos, enriquecem a sua experiência fornecendo informações pormenorizadas sobre o património cultural, a história, os costumes e a vida social da população local. Graças à sua experiência local, facilitam uma exploração aprofundada e esclarecedora de Fez, oferecendo aos visitantes uma perspetiva enriquecida e memórias duradouras da sua estadia nesta cidade histórica marroquina.

BIBLIOGRAFIA

- **Aziz Hmioui, Amina Haoudi 2016:** O papel da gastronomia e do artesanato na atração turística da cidade de Fez: um estudo baseado nas percepções dos turistas estrangeiros. Revue Management & Avenir /3 (N° 85), páginas 149 a 169.

- **Berriane Mohamed 1980,** L'espace touristique Marocain. Fascículo de Pesquisas N°7, Centro Interuniversitário de Estudos Mediterrânicos - Poitiers, Publicação ERA N°706, Imprimerie de l'Université de Tours, França.

- **Bipithalal BALAKRISHNAN 2021**, "Gastrodiplomacia no turismo: Capturing Hearts and Minds through Stomachs". International Journal of Hospitality & Tourism, Volume 14, Número 1, Publishing India Group, p30-40.

- **Hassan FAOUZI 2018**, "Comunidades virtuais: o poder da informação no mundo da gastronomia, o caso dos restaurantes em Agadir Marrocos". In Turismo, governação, TIC e política territorial em África. Agadir. Universidade Internacional de Agadir, p83-105.

- **Jéssica Ferreira & Bruno Sousa 2019**, Marketing Experiencial como Alavanca para o Crescimento do Turismo Criativo: Um Processo Co-criativo / Parte da série de livros: Smart Innovation, Systems and Technologies (SIST, volume 171) Advances in Tourism, Technology & Smart Systems Springer.

- **Jithendran KOKKRANIKAL, Elisa CARABELLI 2021**, "Experiências de turismo gastronómico: as aulas de culinária de Cinque Terre". TOURISM RECREATION RESEARCH. https://doi.org/10.1080/02508281.2021.1975213.

- **Mardin ARTUKLU 2022**, "É possível conhecer uma cultura através de aulas de culinária? Experiências de turistas em aulas de culinária em Istambul". International Journal of Gastronomy and Food Science ,Volume 28, https://doi.org/10.1016/j.ijgfs.2022.100527.

- **Muriel Girard 2004,** Mise en scène touristique de l'artisanat traditionnel dans le contexte de patrimonialisation de la médina de Fès : les cas de la tannerie Chouara et du quartier des potiers, workshop Afemam, laboratório CITERES-EMAN, Universidade François Rabelais, Tours.

- **Salah Chakor 2008,** Traité de gastronomie marocaine, Tânger, Imprimerie le journal.

- **Samira FORAJ 2023**, " à la découverte de l'art culinaire marocain ", Mon Livret du Nord du Maroc, Ping Pong Magazine, edição de novembro, http://www. drive.google.com/file/d/1T110HUOBiPfkqttSpPkCcmACRazkDm8Q/view

- **Sofia EL MOKRI 2008**, "La cuisine Fassie une réalité sublimée, regard d'une bourgeoisie sur elle-même". In Horizontes Maghrébins n°59. Imprensa da Universidade de Mirail.

- **Wantanee SUNTIKUL, Elizabeth AGYEIWAAH, Wei-jue HUANG, AND STEPHEN PRATT 2020**, "Investigando a experiência turística das aulas de culinária tailandesa: uma aplicação do modelo de três etapas de Lasern". Tourism Analysis vol 25, ttps://doi.org/10.3727/108354220X15758301241684.

- Aulas de culinária em Fez - Tripadvisor www.tripadvisor.fr/Attraction_Products- g293733-t12034-zfg11868-Fes_Fes_Meknes.html

- www.craftdraft.org

ÍNDICE DE CONTEÚDOS

yes
I want morebooks!

Buy your books fast and straightforward online - at one of world's fastest growing online book stores! Environmentally sound due to Print-on-Demand technologies.

Buy your books online at
www.morebooks.shop

Compre os seus livros mais rápido e diretamente na internet, em uma das livrarias on-line com o maior crescimento no mundo! Produção que protege o meio ambiente através das tecnologias de impressão sob demanda.

Compre os seus livros on-line em
www.morebooks.shop

info@omniscriptum.com
www.omniscriptum.com

Printed by Books on Demand GmbH, Norderstedt / Germany

Printed by Books on Demand GmbH, Norderstedt / Germany